# BEI GRIN MACHT SICH IHR WISSEN BEZAHLT

- Wir veröffentlichen Ihre Hausarbeit, Bachelor- und Masterarbeit

- Ihr eigenes eBook und Buch - weltweit in allen wichtigen Shops

- Verdienen Sie an jedem Verkauf

Jetzt bei www.GRIN.com hochladen und kostenlos publizieren

**Bibliografische Information der Deutschen Nationalbibliothek:**

Die Deutsche Bibliothek verzeichnet diese Publikation in der Deutschen National-
bibliografie; detaillierte bibliografische Daten sind im Internet über http://dnb.d-
nb.de/ abrufbar.



**Impressum:**

Copyright © 2009 GRIN Verlag, Open Publishing GmbH
Druck und Bindung: Books on Demand GmbH, Norderstedt Germany
ISBN: 9783640562619

**Dieses Buch bei GRIN:**

http://www.grin.com/de/e-book/145834/die-grenzziehung-zwischen-heimat-und-
fremdheit

Christoph Böhm

# Die Grenzziehung zwischen Heimat und Fremdheit

## Bernhard Waldenfels und das Heimatverständnis

GRIN Verlag

# Die Grenzziehung zwischen Heimat und Fremdheit

## - Bernhard Waldenfels und das Heimatverständnis -

Mit 3 Abbildungen

Christoph Böhm

## 1. Einleitung

Fremdheit charakterisiert unseren Alltag. In allen Bereichen sind wir mit ihr konfrontiert. Ob als fremde Sprache, fremde Person oder, auf der körperlichen Ebene, als Entfremdung vom Körper. Darüber hinaus beschreiben wir unsere Erfahrungswelt auf Grund von, wie auch immer begründeten, Vorstellungen. So zählen wir bestimmte Orte zu unserer Heimat hinzu, wogegen andere außen vor bleiben. Dieses, meist unterbewusste, Kategorisieren bedarf einer Abgrenzung zwischen Heimat und Fremdheit und einer Differenz von beiden. Doch wie kommt die Fremdheit zustande und wie wird sie abgegrenzt? Der Philosoph Bernhard Waldenfels reflektiert die Begriffe Heimat und Fremdheit und diskutiert die Frage der Abgrenzung.

In der folgenden Hausarbeit soll geklärt werden, wie sich die Begriffe in der Geographie verorten, sich gegenseitig definieren und abgrenzen. Zudem soll der Nutzen einer Abgrenzung und die Relevanz für die Geographie diskutiert werden.

## 2. Bernhard Waldenfels – Zur Person

Der 1934 in Essen geborene Bernhard Waldenfels studierte Philosophie, Psychologie, klassische Philologie und Geschichte in Bonn, Innsbruck und München. Gefördert durch die Studienstiftung des deutschen Volkes promovierte er 1959 in München und legte zudem 1960/1961 das Staatsexamen in Griechisch, Latein und Geschichte ab. Nach einem Studienaufenthalt in Paris und einer Lehrtätigkeit an einem Privatgymnasium lehrte er von 1968 – 1976 an der Münchner Universität. Von 1976 bis 1999 hatte er den Lehrstuhl für Philosophie an der Ruhr-Universität Bochum inne. Seine Forschungsschwerpunkte lagen im Bereich der Phänomenologischen Arbeit an bevorzugten Sachthemen wie Leiblichkeit, Lebenswelt, Fremdheit, Interkulturalität und Aufmerksamkeit. Zudem im Bereich der Grenzfragen der Phänomenologie und hier insbesondere der Bioethik, der Normalität und Normalisierung (RUHR-UNIVERSITÄT BOCHUM, 2008).

Der heute emeritierte Philosoph ist einer der Mitbegründer der modernen Phänomenologie, welche unter Edmund Husserl Anfang des 20. Jahrhunderts postuliert wurde. Er beschreibt sich selbst und seine Neigung zur Phänomenologie so: „Für mich war Phänomenologie immer attraktiv, weil es eine Art war zu philosophieren mit offenen Türen zur Kunst, zur Politik und zum anderen eine Möglichkeit auch in der Philosophie nicht nur historisch an Texten zu arbeiten oder bloß Methoden zu analysieren, sondern über Sachfragen zu sprechen." (SCHWEIZER FERNSEHEN, 2007, 1 Min. 55 sec.). Unter seinen Werken finden sich zahlreiche Publikationen zu den Fragestellungen einer Phänomenologie des Fremden. Darunter die hier behandelten „WALDENFELS, B. (1985): In den Netzen der Lebenswelt. Frankfurt a.M." und „WALDENFELS, B. (1997): Topographie des Fremden. Frankfurt a.M.".

## 3. Die „beschreibende Wissenschaft" – Gegenstand und Ziel der Phänomenologie

Grundlage einer Betrachtung von Heimat und Fremdheit bei Bernhard Waldenfels ist die Phänomenologie. Ihr Anfänge liegen im Übergang zwischen dem 19. und 20. Jahrhundert. Eine Phase in der man philosophisch versuchte den Dingen und ihrem Ursprung auf den Grund zu gehen, in dem man bei der Betrachtung die Gefühle des Betrachters als ausschlaggebend ansah. Edmund Husserl versuchte in dieser Zeit die Betrachtung ins Zentrum des Interesses zu bringen und an ihr den Gegenstand festzumachen. „Er [Husserl] hat begonnen (...) [zu sagen] was ich mache ist deskriptive Psychologie (...). Er hat sich bezogen auf Wissenschaftler (...) die von der Phänomenologie sprachen auf der ersten Stufe einer Deskription von Tatbeständen (...) Man beschreibt bevor man Theorien bildet. Theorien erst mal zurückhalten. (...) Erst mal beschreiben was uns vor Augen steht. Das ist der Anfangspunkt." (SCHWEIZER FERNSEHEN 2007, 3 Min. 03 sec.). Waldenfels beschreibt die Phänomenologie als eine Methode des „Staunen" und „sich überraschen lassen".

Ein Zusammenspiel von verschiedenen Vorgehensweisen in der phänomenologischen Betrachtung bildet ein Methode. Als eine dieser

Vorgehensweisen beschreibt Waldenfels die phänomenologische Reduktion. Er meint hiermit nicht, dass das Phänomen, also die Erscheinung, reduziert werden soll, sondern die Zurückführung, auf die Art und Weise wie es erscheint. Also eine Art Konzentration auf die Art des Betrachtens. Man sieht in jedem Ding die gesamte Geschichte bzw. die uns dazu in den Sinn kommende Geschichte. Man soll versuchen die Betrachtung des Gegenstandes befreit vorzunehmen. Eng damit verbunden ist die Epoche. Hier meint Waldenfels die Urteilsenthaltung bei einer Betrachtung. „Epoche heißt eigentlich Urteilsenthaltung. Die Idee die dahinter steht (…) die Dinge beobachten bevor man ein Urteil fällt. Man sollte nicht das was man schon weiß wiederholen, sondern die Wirklichkeit verfremden." (SCHWEIZER FERNSEHEN 2007, 14 Min. 00 sec.). Somit kann gesagt werden, dass das Anliegen des Phänomenologen ist, den Dingen auf den Grund zu gehen und all das was sie vermeintlich beschreibt, so zu sagen der historische Ballast, den die Dinge mitführen, abzulegen.

Man muss sich jedoch bewusst machen, dass die Subjektivität der Betrachtung nicht abzulegen ist. Der Betrachter ist immer beteiligt durch sein Betrachten. „Die Sachen selbst verweisen immer auf eine gewisse Zugangsweise. Zum Beispiel der andere Mensch als Fremder setzt mich voraus als jemand dem er fremd ist. Es gibt nicht an sich einen anderen, einen fremden Menschen." (SCHWEIZER FERNSEHEN 2007, 16 Min. 40 sec.).

Als letzten Bestandteil der phänomenologischen Betrachtung spielt die Intentionalität eine entscheidende Rolle. Waldenfels sagt hierzu: „Das ist eigentlich der Grundbegriff. Ohne ihn kommt man in die Phänomenologie nicht hinein. [Es gibt] die Seite der Empirie (…) und die Seite der Seele (…). Ein Beispiel: Pegasus! Pegasus gibt es ja nicht. Es gibt keine fliegenden Pferde. (…) also wo ist es? In der Seele! Was natürlich ein reiner Unsinn ist. Wenn ich Pegasus sage, wissen sie genau was ich meine. Eine mythische Figur (…). Also gibt es eine Intension, wenn wir Pegasus sagen." (SCHWEIZER FERNSEHEN 2007, 18 Min. 33 sec.). Diese Beispiel verdeutlicht die wohl wichtigste Tatsache bei einer phänomenologischen Betrachtung. Der Betrachter muss sich der Intensionen bewusst sein, welche durch die Betrachtung selbst hervorgerufen werden und in ihm wirken. So kann uns ein Gegenstand in verschiedenen Kontexten erscheinen. Doch die Erscheinung selbst ist die eigentliche Thematik.


# 4. Begriffsklärung

## 4.1. Heimat

Eine Begriffsklärung ist in diesem Falle, genau wie bei dem Begriff der Fremdheit, nur schwer möglich. Dies liegt zum einen an der Tatsache, dass sich der Begriff über die Jahrhunderte sehr stark gewandelt hat. Er entwickelte sich von einer mehr oder weniger neutralen Bezeichnung für den Boden auf dem man lebte, zu einem emotionalen besetzten Begriff in der Romantik, der viele Gefühle beinhaltete (WALDENFELS, 1985, 194). Zum anderen bedingen und erschaffen sich Heimat und Fremdheit gegenseitig. Denn nur wenn es eine Heimat gibt kann es auch eine Fremdheit geben. Sie produzieren sich also gegenseitig. „(...) und dies ist kein vorläufiger Mangel, weil die Ausbildung einer Heimwelt zugleich eine Fremdwelt mitproduziert." (WALDENFELS, 1997, 62).

Heimat kann darüber hinaus auf den verschiedenen Ebenen in der Geographie betrachtet werden. Auf der räumlichen Ebene verbinden wir mit Heimat meist die Region in der wir aufgewachsen sind, das Elternhaus, eine Stadt oder ein Land. Im Grunde ist es immer eine Frage des Maßstabs und der Entfernung mit der wir unsere „Welt" betrachten. So erscheint beispielsweise für einen Astronauten der gesamte Planet aus dem Weltall als Heimat, wogegen jemand der noch nie aus seinem Heimatdorf herausgekommen ist einen völlig anderen Blickwinkel besitzt und sein Dorf als Heimat bezeichnen würde.

Auf einer abstrakteren Ebene, wie zum Beispiel der kulturellen Ebene, bezeichnet man landläufig eher diverse Ausdrucksformen und kulturell geprägte Handlungen als Heimat bzw. als heimisch. So sind die verschiedenen Dialekte oft konkretes Wiedererkennungsmerkmal für Menschen. Andere Ausdrucksformen können auch die regionale Architektur oder Verhaltensweisen sein.

Eine weitere, schon genannte Dimension stellt die Zeit dar. Bernhard Waldenfels beschreibt, dass der Begriff Heimat in der Historie einem Wandel unterlegen ist und führt weiter aus, dass sich auch innerhalb eines Lebens der eigene Heimatbegriff verändert. So bezeichnet man als Kind das Elternhaus oder die Geburtsstadt als Heimat, wogegen man 20 Jahre später, aufgrund von Erfahrungen und Prägungen seine Wohnort oder Arbeitsort als Heimat ansieht. Zudem erweitert sich das Netzwerk aus diversen wichtigen und weniger wichtigen Arbeits-, Freizeit- und Wohnorten, so dass sich keine wirkliche Heimat mehr definieren lässt.

Eine weitere Bedeutung erhält der Heimatbegriff durch die emotionale Komponente. Die Geborgenheit und Vertrautheit welche die Heimat bietet schafft Identität und somit eine „Grenze" zum Fremden. Diese Emotionalität wird geschaffen durch die Familie und spielt eine entscheidende Rolle in der Schaffung eines Heimatbildes.

Es bedarf jedoch immer einer Definition der Heimat um alles andere auszugrenzen. Heimat bezeichnet zum einen den Ort von dem man kommt und an den man zurückkehrt. Andererseits jedoch auch den Ort an dem man sich bewegt. „nicht nur dort, wo man herkommt und wohin man immer wieder zurückkehrt, sondern auch dort, wo man sich bewegt und umtut" (WALDENFELS 1985, 207). Waldenfels entgegnet dem einem zentralistischen Modell, bei dem neben einer zentralen Heimwelt viele Fremdwelten existieren, mit einem eher unstrukturierten Modell der vielen kleinen Subzentren, welche sich ständig neu bilden und teilweise ihre Position verändern. Beispiele dieser Heimatorte wären z.B. Wohnort, Arbeitsort, Ferienort oder auch Wochenendort. Diese Orte werden von uns nebeneinander als Heimatorte postuliert. Wir weisen ihnen Funktionen zu, die sie für uns zu erfüllen haben. So ist zum Beispiel unser Arbeitsplatz (Unternehmen) eine „große Familie" und unsere Kollegen ein Team, in dem wir gemeinsam etwas bewegen. Hier zeigt sich eine Ritualisierung und Mystifizierung dieses Ortes. Wir machen ihn zu einem besonderen Ort. Ein weiteres Beispiel ist der Ferienort. Hier suchen wir Entspannung und Erholung. Der Satz „Nur hier kann ich mich vollkommen fallen lassen..." ist vielen Menschen bekannt. Und wieder verleihen wir ihm eine mystische Aura. Wir schaffen also unsere eigenen Heimatorte, in dem wir uns Funktionen und Eigenschaften der Orte selbst herstellen. Waldenfels bezeichnet diese Orte nicht als Heimatorte, sondern als signifikante Orte (WALDENFELS 1985, 208).

Somit beinhaltet der Heimatbegriff für Bernhard Waldenfels keine Zentralität von der sich alles Fremde abgrenzen lässt. Heimat besitzt vielmehr diverse Dimensionen wie Aktualität, Abhängigkeit vom Fremden oder auch Interkulturalität und ist so ein Begriff, der sehr individuell und zudem sehr flexibel ist.

## 4.2. Fremdheit

Schon in der Geschichte zeigt sich immer wieder der, meist unreflektierte, Umgang mit der Fremdheit. So beschreibt Kolumbus, dass die Ureinwohner der Neuen Welt, es versäumten, der feierlichen Proklamation, in der die Besitznahme ihrer Ländereien ausgesprochen wurde, zu widersprechen (GREENBLATT 1994, 87). Die Frage, in welcher Sprache sie hätten widersprechen sollen, bleibt er uns jedoch schuldig.

Neben der Sprache als fremdem Gegenstand, interessiert uns jedoch der Ort des Fremden weit mehr. Nicht zuletzt, da sich darüber womöglich die Eigen- und Fremdorte abgrenzen lassen. Die genaue Bestimmung des Fremdortes ist jedoch nicht möglich, da der Betrachter noch nie da war und somit keine Erfahrung mit dem Fremdort hat. So bleibt dieser Ort immer nur eine Art Gegenstück zu unserer bekannten Welt gegen den wir abgleichen und einordnen können. Der Philosoph Edmund Husserl beschreibt den Ort des Fremden in der Erfahrung als einen Nicht-Ort (WALDENFELS 1997, 26) und somit als unerreichbar und nur in den Auswirkungen wirksam.

Bernhard Waldenfels macht das Fremde immer abhängig von unserem Zugang. Er nennt es die verschiedenen Ordnungen, welche uns „Die Zugänglichkeit des Unzugänglichen" (WALDENFELS 1997, 33) ermöglichen. Somit existieren auf Grund dieser Ordnungen die Fremdheiten und somit „so viele Ordnungen, so viele Fremdheiten" (WALDENFELS 1997, 33).

Das Fremde stiftet zudem oft Angst. Durch die Entziehung und Unkenntnis über das Fremde bildet sich eine Ungewissheit. Bernhard Waldenfels spricht von einer Unruhe die das Fremde auslöst. Diese Unruhe und die damit verbundene Angst schafft Identität durch die Identifikation mit dem Bekannten. Eine Heimatdefinition erhält somit Legitimität und Sinn. Durch ein Sicherheitsbedürfnis, auf Grund von Ungewissheit und Unruhe, schafft das Fremde zum Teil unser Heimatverständnis und gibt ihm eine Berechtigung. Somit ist Fremdheit immer Abhängig vom Bekannten wie umgekehrt. Es besteht also eine gegenseitige Definition.

## 4.3. Differenzierungen

Eine Unterteilung trifft Waldenfels wenn er von der Steigerung der Fremdheit spricht. Es werden von ihm 3 Formen der Fremdheit unterschieden. Er teilt ein in eine alltägliche Fremdheit, eine strukturelle Fremdheit und eine radikale Fremdheit.

Mit der alltäglichen oder normalen Fremdheit ist all das gemeint, was uns täglich begegnet und was wir in eine uns bekannte Ordnung bringen können. Er spricht als Beispiel vom Schalterbeamten, der uns zwar fremd ist, dessen Arbeit wir aber einordnen können. Dagegen setzt er die strukturelle Fremdheit, die all das umfasst, was uns grundsätzlich verschlossen bleibt. Darunter fallen neben den fremden Sprachen und den fremden Kulturen auch der vergangene Zeitgeist. Als dritte Steigerungsform der Fremdheit setzt Waldenfels die radikale Form der Fremdheit. Hierzu zählen alle Umstände welche vom Individuum nicht mehr interpretiert werden können. Als Beispiel fügt er den Tod, den Schlaf oder auch den Rausch an. Also Umstände die nicht fassbar sind und uns somit komplett verschlossen bleiben (WALDENFELS 1997, 35-37).

Eine weiter Form der Differenzierung nimmt Bernhard Waldenfels vor, wenn er von den Vektoren des Fremdseins spricht. Er meint hier die Richtungen und spricht davon, das Fremdwerden „darin besteht, dass ich, getragen durch eine Wir-Gruppe, die *Anderen* als Fremde erfahre, oder darin, dass ich mich selbst Anderen gegenüber als Fremder fühle, (…) (WALDENFELS 1997, 38). Er spricht von einer Differenzierung im sozialen Kontext und im kulturellen Hintergrund (Abb. 1). Ein Teil dieses kulturellen Hintergrunds ist die Sprache, die als gesprochenen oder eben nicht gesprochene Sprache Fremdsein begründet. Man denke hier exemplarisch nur an eine vorherrschende Amtsprache in einem Land oder Kulturraum. Diese schafft Grenzen zwischen Menschen die sie sprechen bzw. eben nicht sprechen. Auch hier spiegelt sich die starke individuelle Seite der Begrifflichkeit. Die Richtungen der Ausprägung und ihrer Ausbildung variieren sehr stark und sind nur verallgemeinernd zu beschreiben.

## 5. Die Grenzziehung zwischen Heimat und Fremdheit

Bernhard Waldenfels bezieht sich bei seinem Heimat- und Fremdheitsbegriff und in deren Abgrenzung stark auf den österreichischen Philosoph Edmund Husserl. Dieser beschreibt in seinen Werken die Lebenswelt und unterteilt diese in Heimwelt und Fremdwelt. Waldenfels orientiert sich daran und beschreibt den Zustand oder auch die Beziehung der beiden „Welten" als Verschränkung.

Diese Verschränkung oder auch Überlappung bringt eine unscharfe Grenzziehung mit sich. „(…) so besagt Verschränkung zum einen, dass Eigenes und Fremdes mehr oder weniger ineinander verwickelt sind, so wie ein Netz sich verdichten oder lockern kann, und es besagt zum anderen dass zwischen Eigenem und Fremdem immer nur unscharfe Grenzen bestehen, die mehr mit Akzentuierung, Gewichtung und statistischer Häufung zu tun haben als mit säuberlicher Trennung." (WALDENFELS 1997, 67).

Diese Verstrickung lässt also keine genaue Grenze erkennen, mehr noch, sie bedeutet, dass es keine Grenze gibt. Des Weiteren muss es nun aber eine Verortung geben, da es keine Fremdwelt gäbe ohne eine festgelegte Heimwelt. „Die Überlegungen zum Verhältnis von Heimwelt und Fremdwelt würden ortlos bleiben, wenn sie nicht ausgingen von einer bestimmten Heimwelt, die im gegebenen Falle die europäische ist, eine Heimwelt also, die einen Namen trägt." (WALDENFELS 1997, 80).

Diese Verortung trägt nun natürlich auch zu der umfassenden Indoktrinierung des Begriffes mit all seinen kulturellen, sozialen, historischen und individuellen Eigenheiten bei. An diesem Punkt wird Fremdheit geschaffen indem Heimat definiert wird. Somit lässt sich für die aktiv handelnden Personen festhalten, dass sie immer in Interaktionen mit der Umwelt („Fremdheit") stehen, welche ihnen im Abgleich mit sich selbst Identität schaffen (WALDENFELS 1985, 196ff.).

## 6. Konkretisierung der „Heimat - Fremdheit - Problematik"

Der ursprünglichen Vorstellung von Heimat kommen heute nur noch agrarisch geprägte Völker in Entwicklungsländer nach. Hier wird der Heimatbegriff definiert mit dem Ackerland welches das Dorf ernährt und dem Boden auf dem das Dorf steht. Es herrscht ein hohes Maß an Identitätsbildung in diesem innersten Kreis der „Heimat". Durch die „Geworfenheit" in diese Welt ist vorbestimmt wo man aufwächst, lebt und stirbt. Die Gemeinschaft in der Familie bietet die emotionale Grundlage der Existenz und schafft Identität. In diesem Beispiel wachsen mit zunehmender räumlichen Distanz zum Zentrum die Einflüsse des Fremden. Die Gleichförmigkeit der Interaktionen nimmt ab und die Skepsis gegenüber allem anderen steigt (WALDENFELS 1985, 203). Mit der Gleichförmigkeit der Interaktion sind hier die kulturellen Handlungen, sprachlichen Eigenheiten (Dialekte) und Verhaltensweisen gemeint (Abb. 2).

Innerhalb der modernen Lebensweisen in den Industrienationen können wir diese Formen der Heimatvorstellung nur noch selten oder gar nicht mehr finden. Die Verstrickung zwischen vielen Subzentren unseres Lebens sprengt dieses Bild. Neben der diffusen räumlichen Ebene ist zudem die zeitliche Ebene heterogen und zerteilt. So ist selbst der Wohnort der vorigen Generation schon nicht mehr der ihrer Kinder oder Enkel. Hinzu kommt eine, durch die Beschleunigung unseres Alltags und die zunehmende Globalisierung fast aller Bereiche unseres Lebens, emotionale Abstumpfung und Individualisierung. Diese kommt einer dauerhaften Stabilisierung von Heimat zuvor. Damit ist nicht gemeint, dass Heimat nicht mehr empfunden wird. Jedoch nimmt sie nicht mehr die Rolle ein, die sie in einer agrarisch geprägten Gesellschaft einnimmt. Heimat definiert sich ganz einfach über andere Bereiche.

Ein Indiz für diese Entwicklung ist die vermehrte Ausbildung von Angeboten, welche Heimat suggerieren und das Bedürfnis nach Heimat versuchen zu stillen. Ein Beispiel hierfür ist das vermehrte Aufkommen und die Entstehung von Heimatvereinen, Heimatmuseen und Heimatfilmen. Diese Formen weisen auf eine Sehnsucht hin, die von der modernen Gesellschaft nicht oder nicht vollständig gestillt werden kann. Heimat als etwas Grundsätzliches und durch Geburt gegebenes ist also nicht mehr vorhanden. Es wird aber weiter gesucht und in verschiedensten Formen von unserer Gesellschaft angeboten.

Psychologisch Problematisch wird es, wenn der Mensch sich auf seiner Suche nach Heimat wiedererkennt und dann merken muss, dass er nicht an den Beziehungen teilnehmen kann oder sogar ausgegrenzt wird.


## 7. Perspektiven für die Geographie

Gerade im Bereich der Kultur- und Sozialgeographie und hier im Speziellen in der Diskussion um Nationalstaaten und deren Ideologiekonstrukte beteiligt sich Waldenfels mit seinem Heimat- und Fremdheitsdiskurs. Er beschreibt die Grenze zwischen den beiden Welten als „Verschränkung" und sagt weiter, dass sich beide nicht voneinander lösen lassen. Gerade in totalitären Diskursen über die Trennung von Eigenem und Fremden und ihrer Selektion beschreibt er das Ganze als Band- und Fadenmuster welches „(...) mit diesem Ineinander steht und fällt." (WALDENFELS 1997, 68). Somit stellt er das Modell des Kugel- und Schichtaufbaus als veraltet dar. Bei diesem Modell existiert im innersten Kern eine reine Eigenwelt umgeben von Schichten aus Fremdheitseinflüssen.

In der Kulturgeographie bietet dieser Ansatz im Bereich der interkulturellen Beziehungen einen philosophischen Hintergrund und eröffnet neue Herangehensweisen an Problemstellungen. Bernhard Waldenfels schreibt dazu „Das Ineinander von Eigenem und Fremdem ist also keine bloße Domäne

interpersonaler Beziehungen, es zeigt sich auch im Konzert der Kulturen."
(WALDENFELS 1997, 70). Darüber hinaus deutet er auf eine Verbindung zwischen
den Fremdheiten der einzelnen Kulturen. „(…) das zwischen Fremdheit der
fremden und Fremdheit der eigenen Kultur eine vielfältige Osmose besteht."
(WALDENFELS 1997, 70).

In diesem Kontext steht auch die Diskussion über Fremdenfeindlichkeit.
Angriffe auf Ausländer, die Schändung von Gedenkstätten und öffentliche
Auftritte von Neonazigruppen rufen uns immer wieder die Notwendigkeit eines
offenen Umgangs mit der Problematik des Heimatverständnisses vor Augen.
Gerade unter Jugendlichen können in den letzten Jahrzehnten verstärkt
Tendenzen festgestellt werden. Daher muss sich die Sozialgeographie, im
Besonderen die Bevölkerungsgeographie, verstärkt damit beschäftigen.
Fragestellungen im Bereich der Migration und deren besondere Form der Flucht
müssen thematisiert und immer wieder diskutiert werden.

Auch im Bereich der Geographiedidaktik muss eindringlich auf diesen „Hotspot"
verwiesen werden. Konzepte zur Auseinandersetzung und Reflektion im
Geographieunterricht sind ein vielversprechender Weg um die Begriffe Heimat,
Fremdheit und Identität zu klären und somit extremistischen
Ideologieangeboten vorzubeugen (REUSCHENBACH, 2008).

# 8. Literatur


BASTIAN, A. (1995): Der Begriff-Heimat. Eine begriffsgeschichtliche Untersuchung in verschiedenen Funktionsbereichen der deutschen Sprache. Tübingen.

GREENBLATT, St. (1994): Wunderbare Besitztümer. Die Erfindung des Fremden: Reisende und Entdecker. Berlin.

HAINDL, E. a. LANDZETTEL, W. (1991): Heimat – ein Ort irgendwo? Mensch, Dorf, Landschaft. München.

HUSSERL, E. (1962): Gesammelte Werke. Bd.6. Die Krisis der europäischen Wissenschaft und die transzendentale Phänomenologie.

REUSCHENBACH, M. (2008): Dein Nachbar nur ein Ausländer? In: Geographie Heute 261/262, 14-19.

RUHR-UNIVERSITÄT BOCHUM (2008): Vita Bernhard Waldenfels. http://www.ruhr-uni-bochum.de/philosophy/staff/waldenfels/start.html (Datum: 02.09.2008).

SCHWEIZER FERNSEHEN (2007): Sternstunde Philosophie: Philosophische Strömungen des 20. Jahrhunderts, Reihe – Teil 1: Die Phänomenologie. Interview mit Bernhard Waldenfels. http://www.sf.tv/sf1/sternstunden/index.php?docid=20071202 (Datum: 02.09.2008).

WALDENFELS, B. (1985): In den Netzen der Lebenswelt. Frankfurt a.M.

WALDENFELS, B. (1997): Topographie des Fremden. Frankfurt a.M.


## 8.1. Abbildungsunterschriften

Abb. 1: Emotionale Gemeinschaftsbildung und Abgrenzung
Fig. 1: Emotional grouping and demarcation

Abb. 2: Heimatverständnis in agrarisch geprägten Gesellschaften
Fig. 2: Home appreciation in agrarian embossed communities

Abb. 3: Heimatverständnis in modernen Industriegesellschaften
Fig. 3: Home appreciation in modern industrial communities

## 9. Summery

### The demarcation between home and foreignness
### - Bernhard Waldenfels and the home appreciation -

Bernhard Waldenfels, born in the year 1934, work in his scientific life on phenomenology circumstances. Waldenfels try to view the things out of the angle of the observer. He wants to disengage himself from the subjektive view and speak from the phenomenological reduction  and intentionality. In the history, the terms of home and foreignness came under a hole appreciation change, but account each other. However, we can view home in an cultural, areal or chronological way. Home and foreignness is seperate by the emotions. Waldenfels publicise the modell of the native-placees or home-towns between the actor agitate. Therefore home isn't a clearly separated room but rather a network of dimensions. In contrast, foreignness isn't so easy to define but so long contrary to our lifetime. However, the two terms are intensive addicted to each other. Waldenfels differentiated foreignness in a daily, structural and radical foreignness. Like Edmund Husserl, Waldenfels seperates the reality in a home-world and a foreignness-world wich are enmeshed in each other. Also today we see the differences in the home- and foreignness-understanding. So the term of home define in a agrarian embossed communitie is unlike in a modern industrial communitie.


## 9. Zusammenfassung

### Die Grenzziehung zwischen Heimat und Fremdheit
### - Bernhard Waldenfels und das Heimatverständnis –

Der 1934 geborene Bernhard Waldenfels beschäftigt ich in seinem wissenschaftlichen Leben intensiv mit phänomenologischen Sachverhalten. Waldenfels versucht, die von Edmund Husserl begründete Phänomenologie aus dem Blickwinkel des Betrachters zu sehen und zu verstehen. Er möchte die Betrachtung eines Gegenstandes frei machen von der subjektiven Betrachtung. Er sprich von der phänomenologischen Reduktion und Intentionalität. Die Begriffe der Heimat und Fremdheit sind über die Historie einem steten Verständniswechsel unterzogen und bedingen sich doch immer gegenseitig. So kann Heimat räumlich, kulturell oder auch zeitlich betrachtet werden.

Entscheidend wird Heimat durch die Emotion von der Fremdheit abgegrenzt. Konkreter definiert er ein Modell von Heimatorten zwischen denen man sich bewegt. Heimat stellt somit keinen klar abgegrenzten Raum dar, sondern vielmehr ein individuelles Geflecht aus mehreren Dimensionen. Fremdheit ist dagegen nicht genau definierbar und nur gegen unsere Welt abgrenzbar. Durch die Definition über den Begriff der Heimat bildet sich eine gegenseitige Abhängigkeit der Begriffe. Des Weiteren trifft Waldenfels eine Differenzierung der Fremdheit in eine alltäglich, strukturelle und eine radikale Fremdheit. Wie Husserl unterteilt Waldenfels die Lebenswelt in Heimwelt und Fremdwelt, welche ineinander verwoben sind. Auch heutzutage lassen sich Differenzen im Heimat- und Fremdheitsverständnis erkennen. So definiert sich Heimat in einer agrarisch geprägten Gesellschaft konträr zur modernen Industriegesellschaft.

# 10. Anhang

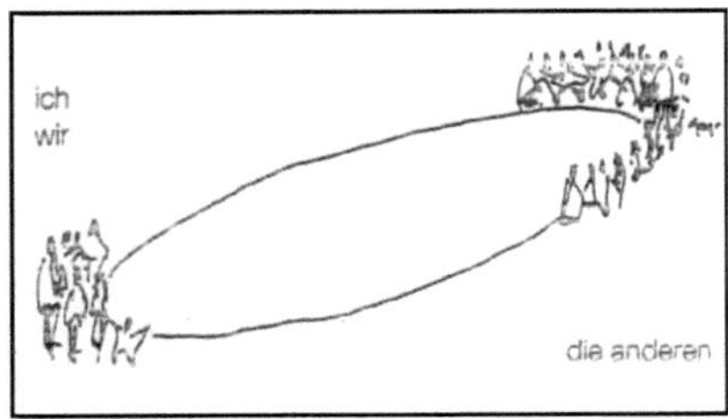



Abb. 1: Emotionale Gemeinschaftsbildung und Abgrenzung (HAINDL, 1991)

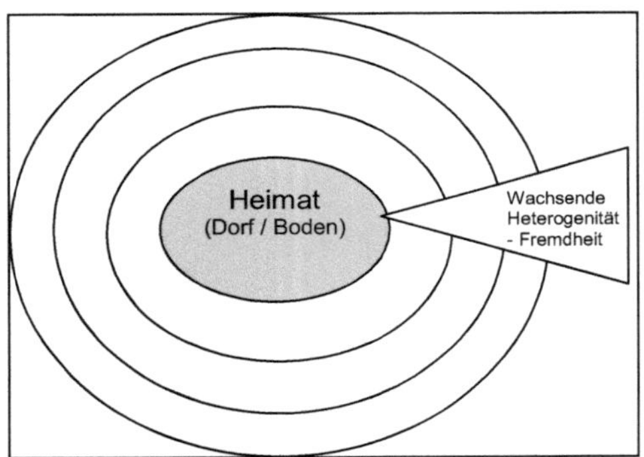



Abb. 2: Heimatverständnis in agrarisch geprägten Gesellschaften (Eigener Entwurf)

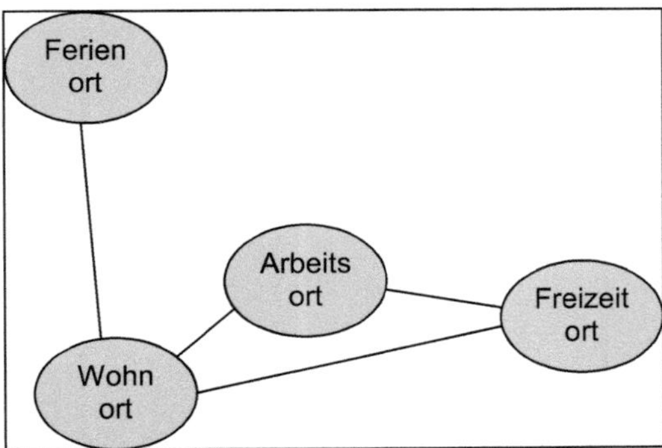



Abb. 3: Heimatverständnis in modernen Industriegesellschaften (Eigener Entwurf)